紫菜包饭和寿司饭团的美味料理

（韩）郑勋◎著　张恩实◎译

化学工业出版社

·北京·

每天都吃常规的米饭似乎有些无趣，如果能多些变化就好了！这应该是很多人的心声吧？本书收录了50款美味与营养兼具的紫菜包饭和饭团寿司。食材取材灵活，罐头、常备菜，哪怕是剩余食材都可以变成美味的主食材；做法简单不复杂，按照图解步骤图制作零失败；蔬菜、鸡蛋、肉类、海鲜巧搭配满足各种营养需求。

野餐露营、孩子的爱心便当、上班族自带午餐等都可以轻松满足。不论是大人、小孩，男性、女性，都能在各种口味的紫菜包饭和寿司饭团中得到满足感。

밥 한그릇 ⓒ 2012 by Jeong Hoon
All rights reserved
First published in Korea in 2012 by Sangsang Publishing Co.
Through Shinwon Agency Co., Seoul
Simplified Chinese translation rights ⓒ 2020 by CHEMICAL INDUSTRY PRESS
本书中文简体字版由 Sang sang Publishing Co. 授权化学工业出版社独家出版发行。
本版本仅限在中国内地（不包括中国台湾地区和香港、澳门特别行政区）销售，不得销往中国以外的其他地区。未经许可，不得以任何方式复制或抄袭本书的任何部分，违者必究。

北京市版权局著作权合同登记号：01-2015-7933

图书在版编目（CIP）数据

紫菜包饭和寿司饭团的美味料理／（韩）郑勋著；
张恩实译. —北京：化学工业出版社，2020.3
书名原文：One Bowl Rice
ISBN 978-7-122-36148-6

Ⅰ．①紫… Ⅱ．①郑… ②张… Ⅲ．①米制食品－食谱 Ⅳ．①TS972.131

中国版本图书馆CIP数据核字（2020）第025939号

责任编辑：马冰初　　　　　　　　　装帧设计：北京八度出版服务机构
责任校对：刘　颖

出版发行：化学工业出版社（北京市东城区青年湖南街13号　邮政编码100011）
印　　装：天津图文方嘉印刷有限公司
710mm×1000mm　1/16　印张7¼　字数200千字　2020年7月北京第1版第1次印刷

购书咨询：010-64518888　　　售后服务：010-64518899
网　　址：http://www.cip.com.cn
凡购买本书，如有缺损质量问题，本社销售中心负责调换。

定　　价：49.80元　　　　　　　　　　　　　　版权所有　违者必究

幸福就是和家人一起享用世间的美味料理

料理不仅是创作，还是一门艺术。当我被这门艺术深深吸引时，便难以自拔。

我的奶奶每到春天都会做各种野菜料理。奶奶会往铜盆里打10个左右鸡蛋，放入焖饭的锅里做鸡蛋羹。当我们快吃完饭时，奶奶总会往锅里倒凉水，给我们做锅巴汤。尽管肚子吃得很饱，还是要喝完锅巴汤才感觉舒服。母亲认为料理一定要量多才会美味，所以经常和邻居们一同分享做好的料理。母亲的厨艺一直都很吸引人，从小我家就是邻居们的聚集地。

我每天都要做料理并上传图片和制作过程到博客。渐渐地，有越来越多的人称赞我的厨艺。我的丈夫只要有想吃的料理，就会让我做给他吃，并夸我是厨神。我偶尔会想，两个女儿长大嫁人后一定会想念我做的料理吧。

我认为世界上最美味的料理是和家人或者相爱的人一起享用的料理。唯有爱与美食才能让你在这个世界活得更幸福。

郑勋（阿棉）
写于韩国首尔

目录

第 一 章

阿棉的快乐厨房

第四章
寿司

第五章
包饭

Cooking Not

第一章
阿棉的快乐厨房

一到用餐时间厨房总会飘出美味的香气。

即使时间不富裕，没有特殊的食材，也可以快速做出令人满足的营养饭。

在做营养饭之前，厨房用具、厨房常用调料、如何计量、如何挑选大米这些准备工作都要先了解一下，让上班族和单身族享受到料理制作过程的喜悦。

Fun Kitchen

1 本书的计量方法：勺子和一次性杯子

● **粉末状调味料计量：** 盐，白糖，辣椒粉，胡椒粉……

 1 是指用饭勺盛满抹平的量

 0.5 是指1/2饭勺的量

 0.3 是指1/3饭勺的量

● **液体调味料计量：** 酱油，醋，料酒……

 1 是指用饭勺盛满的量

 0.5 是指1/2饭勺的量

 0.3 是指1/3饭勺的量

● **酱料计量：** 辣椒酱，大酱……

 1 是指用饭勺盛满抹平的量

 0.5 是指1/2饭勺的量

 0.3 是指1/3饭勺的量

● **香料计量：** 蒜泥，葱末……

 1 是指用饭勺盛满的量

 0.5 是指1/2饭勺的量

 0.3 是指1/3饭勺的量

● **用一次性杯子计量米**

 1杯是用杯子盛满米，米与杯口平行的量

● **用一次性杯子计量液体**

 1杯是指用一次性杯子盛满不到200毫升的量

1/2杯是指稍微超过杯子中间部位的量

1/3杯是指接近杯子中间部位的量

请记住

➕ 制作高汤时，一把银鱼是指用一只手大把抓起来的量。

➕ 少许是指用拇指和食指能捏到的盐或胡椒粉的量，具体可根据自己的口味进行调整。

➕ 根据自己的口味，所有的食材都可以用类似的食材代替。

2 健康餐桌的开始：挑选对身体有益的米

● **米的种类**

　　白米：平常我们吃得较多，半透明且有光泽的米。

　　糙米：因为没有去除胚芽和米糠，含有丰富的维生素、蛋白质、脂肪、膳食纤维、矿物质等多种营养成分。用糙米做饭前，最好先在水里泡半天以上，糙米和水的比例为1：1.5（白米为1：1.2）。糙米富含膳食纤维，有利于减肥。

　　五成加工米、七成加工米：根据除去米糠的程度，完全除去的叫十成加工米；除去70%的为七成加工米；除去50%并且留有胚芽的为五成加工米，处于糙米和十成加工米之间。这类米比白米富含更多膳食纤维，活跃肠部运动有助于缓解便秘。

　　糯米：呈白色、非透明、有黏性，比粳米更有助于消化。它不仅用于制作年糕、糯米糕、元宵等各种糕点，还可用于制作糯米饭、八宝饭、米汁、酒等。

　　黑米：呈黑色，因为黑米本身有很浓的香味，做白米饭时添加少量黑米可以提升口感。黑米因含有抗氧化作用的花青素而呈黑色。黑米中花青素的含量超过黑豆的4倍；维生素B及铁、铅、硒等的含量超过普通米的5倍。

糯米　　糙米　　白米　　糙糯米

● 米的保管方法

米一旦流失水分就会失去黏性和光泽。所以，不仅要注意储存，舀米时也不能使用带水分的容器。米要放在阴凉通风、遮光处。用纸包装的米不需要倒入米缸或米桶，要是带有塑料膜或锡纸的包装则会导致不通风。另外，要避免直射光、受热或潮湿，不然米容易变色或者生虫。往米桶里倒入新米时，要先把米桶洗净，完全晾干之后再使用。蒜可以除米虫，苹果可以维持米的新鲜度。夏天持续酷热时，把米放入冰箱也是一个储存的好方法，但是最好还是少买快食较好。

✚ 淘米的技巧

1. 初淘米一定要有足够的水，并且要快速冲洗。米长时间浸泡在水里会导致煮熟后有糟糠的口感。
2. 淘米不可用力，用手指轻轻划过冲洗。用力会导致减少胚芽。如果水变透明，米就算淘好了。淘米的次数通常在两三次。

✚ 淘米水的巧妙用法

初淘米的水用于浇花会起到补充养分的作用。第二、第三次的淘米水可以用于洗水果、蔬菜或者用于洗碗等。把鸡肉事先泡在淘米水中，可以去除杂味。用淘米水煮牛蒡、芋头干、竹笋等带有苦味或涩味的食材，不仅可以避免褐变，还可以去除苦涩味。此外，淘米水还可以用于消除垃圾桶的异味、清洁玻璃、去除油渍等。

＋ 如何用燃气做饭

1. 泡米
   ▶ 用凉水浸泡30分钟以上，浸泡时间长会使米粒凝结，影响米饭的口感。但是，在寒冷的冬天或者用陈米做饭时，米要浸泡1小时以上。

2. 清洗浸泡好的米

3. 充分去除水分
   ▶ 3分钟左右

4. 掌握水量
   ▶ 通常米的水量大概是1.2倍，陈米的用水量为1.5倍才能做出好吃的米饭。若时间不充足，可以用温水浸泡10分钟左右，具体的水量可根据压力锅、电饭锅等用具不同而定。

5. 焖10~15分钟
   ▶ 用大火煮4分钟左右之后，再用小火煮12分钟左右，关火焖10~15分钟。

6. 用饭铲搅拌米板
   ▶ 在焖完饭后用饭铲搅拌一次米饭，防止米饭成团。

★ 做出美味米饭的小提示

1. 米饭未熟透时放入一点清酒或烧酒，再重开小火，焖一下。

2. 煮米饭时，使用煮海带的水或者牛肉汤则可品尝到米饭的另一种味道。

3. 放入一两滴色拉油可以让米饭更有光泽。

4. 没有胃口时，添加少量的盐或酱油可增加食欲。

5. 用陈米做饭时，前一天浸泡时滴入一两滴醋，第二天做饭时再用温水冲洗就像是新米一样。

3 厨房的常用调料：准备米饭料理的基本调料

海盐

海盐不仅可以腌制辣白菜，还可以在高汤、炖菜、炒、烤等料理中使用。

辣椒酱

每个家庭的辣酱味道都不太相同，有的是自己制作，有的购买现成的。市场上销售的辣椒酱味道也有一定的区别。选取自己觉得口味适宜的即可。

辣椒粉

辣椒粉是韩国料理不可缺少的调料之一。我通常会购买辣椒粉冷冻或冷藏保存。

大酱

韩国料理大部分用酱油、大酱、辣椒酱等酱料调味和提味，所以大酱的味道直接影响料理的味道。

酱油

酱油使用市场上销售的酿造酱油，主要用于炒、炖、拌菜等料理。

鱼露、鱼酱和虾酱

鱼露、鱼酱可以用于汤、炖、炒、拌、辣白菜等大部分料理。如果使用虾酱，要挑选六月虾酱或者秋季虾酱，并且放在冰箱中保存，防止产生异味。

白糖

白糖在韩国出现以前，为了甜味会使用蜂蜜。后来白糖代替了蜂蜜。糖分为白糖、红糖、黑糖。有时也会用蜂蜜、糖浆等代替。

香油

香油是厨艺不佳之人的必备品。香油要选打开瓶盖时有浓浓香味、颜色金黄的产品。香油容易变质，最好装在瓶口小且不透明的瓶子中，放在阴凉处保存。

油

拌沙拉要使用橄榄油；炸的料理要使用葡萄籽油或菜籽油；炒的料理要使用大豆油或玉米油。

辣椒油

辣椒油用于中餐或嫩豆腐汤、辣牛肉汤。辣椒油要冷藏保存。

胡椒粉

胡椒粉分为白色和黑色。白色的由完全成熟后的胡椒捣碎制成；黑色的由完全成熟前胡椒晾干捣碎制成。胡椒的辣味较为独特，可以有效去除肉类的膻味和海鲜的腥味。

中式甜面酱

中式甜面酱在韩国兴起了独创式的变化。品牌不同，其味道也有所不同。炒甜面酱要在加热后的锅中炒才会美味、不干涩。

豆瓣酱

川菜经常用到的豆瓣酱，主要用于麻婆豆腐，或者猪肉的料理中。

清酒

用米制作而成，非常适合作料酒。清酒可以令肉质柔嫩，还能去掉海鲜的腥味。

料酒

由糯米添加烧酒和酵母制作而成，可以去除食材本身的杂味，同时让料理更加美味。

蚝油

在新鲜的生蚝上撒盐发酵而成。比较黏稠，是具有代表性的中国调料之一，适用于炒菜、炖菜和煎炸等料理。和普通酱油相比，它的鲜味和香味更浓，即使少量添加也会充分提味。

金枪鱼原汁

金枪鱼原汁是用鲣鱼脯、香菇、蔬菜熬煎制成的类似料酒的调料。可以用在所有的料理中提味。

辣根、芥末酱

食用寿司、生鱼片时，经常与辣根一同食用。芥末酱的辣味在口中存留的时间比辣根存留的时间要久，所以适合搭配有腥味的海鲜类以及凉拌菜使用。

黄芥末调味酱

黄芥末的刺鼻香味可去除肉类的腻味。因为它特有的味道，所以适用于午餐肉、火腿肠、鸡肉等料理。

猪排酱汁

猪排酱汁能最大限度地提升肉质的香味。猪排酱汁和番茄酱一同使用可中和酸味。

烤肉酱

如果配肉类使用，料理味道会更加丰富。主要用于烤肉、牛排等肉类料理或西餐。

甜辣酱

甜辣酱有微酸、微甜、微辣的味道，孩子们非常喜欢。适用于各种海鲜、肉类等多种料理。

番茄酱

用番茄制作的市场有售的酱料之一。不仅可以用于制作意大利面，还可以用于制作多种料理。

寿司萝卜

在寿司饭团中经常出现的条状腌萝卜。和一般的腌萝卜相比，寿司萝卜质地脆爽有嚼劲，非常适合与寿司饭团搭配。

鸡汤

可用料理

粥、什锦面等中餐料理或西餐料理等

食材

1只鸡（1千克）、大葱1根、生姜1块、蒜5瓣、烧酒1勺、粗盐1勺、胡椒粉少许、水20杯

制作

放入水20杯、1只鸡、大葱1根、生姜1块、蒜5瓣、烧酒1勺、粗盐1勺、胡椒粉少许，一同烧开。煮的过程中捞出浮沫，用中火煮1.5~2小时即可。

小贴士

- 也可以用鸡骨熬制。
- 用煮好的鸡肉煮粥或者拌凉菜，也是不错的选择。

海带银鱼汤

可用料理

面、汤、粥、汤饭等

食材

海带（10厘米×10厘米）2张、汤用银鱼1把、水5杯

制作

5杯水放入锅中，再放2张海带，浸泡30分钟左右后开火。烧开之后捞取海带，放入汤用银鱼1把，用小火烧开10分钟左右即可。

小贴士

- 汤用银鱼需要去掉排泄物，不然会有苦味。
- 如果银鱼没有完全晾干会有腥味，所以有水分的银鱼要先放在没有放油的锅中炒一下。
- 放入银鱼后，滴入清酒或烧酒可以去除腥味。
- 放入1个洗净的香菇同时煮，味道会更美味。
- 放入萝卜汤味道会更加爽口。

5 食材保存法

肉类

为了保持肉类的新鲜度和水分，涂一层食用油，再用保鲜膜包好放入密封袋中冷冻保存。

海鲜

用保鲜膜包好放入密封袋中冷冻保存。即使是新鲜的海鲜，收拾干净后也要充分擦干水。为制作时方便，撒盐后用保鲜膜包好冷冻保存更好。

土豆

不要放在冰箱里，而是要放在通风的场所。和苹果一起存放，可防止土豆发芽。去皮后的土豆要先泡在凉水中，再擦干水装在塑料袋里或包在保鲜膜中冷藏保存。

洋葱

装在纸袋里放在通风的阴凉处，并保持环境干燥。

菜瓜

切剩的菜瓜用保鲜膜包好，用厨房用纸包住菜瓜尾部可延长保存时间。

胡萝卜

为不丢失水分，胡萝卜用厨房用纸包好，装在密封袋中放在冷藏室保存。

圆白菜

摘掉外层的2~3张菜叶之后，剩余的部分先用已摘掉的2~3张菜叶包好，再用保鲜膜包住保存，可长时间不变色且保持新鲜。

萝卜

买来的萝卜，若带有叶子要立刻摘掉。叶子生长会吸收水分和养分，降低萝卜的新鲜度。被切割过的萝卜用厨房用纸或者保鲜膜包好保存。

大葱

用厨房用纸包住后，立刻存放在冰箱中。也可以微斜着切割，再装在密封袋中冷冻保存。使用时不需要解冻，直接放入汤锅即可。

辣椒

用厨房用纸包好放入密封容器中冷藏保存，要想长时间保存需要去掉籽。

菠菜

如果菠菜带有泥，需要用湿纸包住，避免菠菜叶干枯。洗好的菠菜要放在密封袋里放入冰箱中保存。

蒜

捣碎使用最理想。如果时间不充足，可以一次性捣碎大量的蒜，装在密封容器中冷冻，以保持味道和色泽。

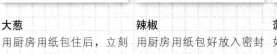
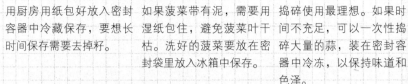

辣白菜

放入塑料袋中，用密封袋再包一次冷藏保存，可保持新鲜度。

鸡蛋

保存时把鸡蛋比较尖的那头朝下、圆润的那头朝上才能保持鸡蛋的新鲜度。

豆腐

泡在水里卖的豆腐，因为水质有可能受到污染，所以买来后要立刻放入干净的水中浸泡。

糕类和面包

在松软状态下，用保鲜膜包好装在密封袋中冷冻保存。常温下解冻仍可吃到新鲜的糕类和面包。

6 冰箱储存的技巧

米饭

冷藏法：放入密封容器，立刻冷藏。

解冻法：打开盖子用微波炉加热。如果保存时间过长会影响米饭的味道。

炒饭

冷冻法：装在密封袋里铺平后冷冻。

解冻法：常温下解冻，再倒入锅中加热。

牛骨汤

冷冻法：完全冷却后倒入密封容器里或装在密封袋中冷冻储存。

解冻法：常温下解冻后倒入锅中加热。

装在袋中的汤冷冻后会和塑料粘在一起，所以解冻比较烦琐。

剩余食材

冷冻法：食材切成小块，焯水后装在密封袋中冷冻储存。

解冻法：在常温下解冻，直接使用。

可用料理：汤、咖喱、炸酱等。

面包边角料

冷冻法：装在密封袋中，冷冻储存。

解冻法：放在常温下10分钟可变松软。

可用料理：脆饼干、法式烤面包片、面包糖果等。

半烹调食品

冷冻法：亲自制作的猪排或丸子等，装在密封袋中冷冻储存。

解冻法：用微波炉加热1分钟，再油炸或者用平底锅煎。

水果

冷藏法：香蕉去皮放入密封袋中；草莓要洗净去根蒂放入密封袋中；西蓝花也要装在密封袋中冷藏储存。

可用料理：放在常温下5分钟左右，同酸奶或纯牛奶一起搅拌食用。

紫菜

保存法：为了避免潮湿，紫菜要装在密封容器中放在阴凉处或者冷藏储存。

剩余的紫菜包饭

可用料理：裹上鸡蛋放入平底锅，用食用油煎。

剩余的紫菜包饭食材

可用料理：拌饭、炒饭、饭团和鱼子饭。

11

7 厨房必备用具

压力锅

我一直觉得电饭锅做出来的米饭味道不如压力锅，所以做饭都使用压力锅。米要浸泡30分钟以上，才会更黏更美味。我煮豆子、熬排骨汤、熬参鸡汤也常用压力锅。为了避免锅内的食物堵塞压力阀，锅内食物的量不要超过压力锅容量的一半。

平底锅

做料理时食物不会粘，可以放心使用。
如果平底锅有严重的异味，在常温状态下倒入烧酒浸泡20分钟，再用抹布擦拭即可。如果食物放入时间较长，尤其盐分较高的食物会缩短平底锅的寿命。用油擦锅底则可延长使用寿命。

不锈钢锅

和其他材质相比，不锈钢锅的热传递性、持续性和均衡性高，只要熟练掌握使用方法就可以随意制作料理。不锈钢锅比较重，食材容易粘锅，需要一定的适应时间。如果用大火加热，锅就会变黑。不锈钢锅不会排出有害物质，也不会生锈，比较卫生又不容易破碎，可长久使用。

不锈钢锅底厚适用于熬制的料理，尤其适合制作有汤的料理。虽说不锈钢锅不易受损、方便管理，但是如果不掌握好火候也容易被烧坏。

铸铁锅

铸铁锅因导热系数高、热量分配均匀且材质厚重有类似压力锅的效果，非常受欢迎。
通常需要长时间炖制的料理，如清炖鸡等，用铸铁锅可以在短时间内煮好。导热系数和保温系数高可减少营养成分流失。锅具清洗后要完全擦干水再晾干，尤其是锅盖和锅具接触的部分要完全晾干，擦油保管可以延长锅具的寿命。使用时，要注意防止碰撞及不要使用坚硬的锅铲和清洁用具。

搅拌机

分为迷你搅拌机和手动搅拌机。迷你搅拌机通常用于制作调料和搅拌食材；手动搅拌机用于搅拌粥和糊。

刀具和菜板

我所使用的刀具有20把以上。刀具最好按用途区分。
如果想让刀具使用时间长，最好使用木质菜板。

清洗菜板时可以撒点盐，顺着木纹用钢丝球揉搓之后，用热水烫洗杀菌再放到有阳光且通风的地方晾干。如果菜板上有

黑点，可用柠檬汁擦掉。

电磁炉

电磁炉是能让你在短时间内制作料理的必备品。即使做料理时汤溢出来，只要用抹布轻轻一擦即可。

电子秤

计量食材用的电子秤，是烘焙的必备品。电子秤以克为单位，可方便快捷地计量准确的重量。

保鲜膜和密封袋

想长时间保持食材的新鲜度，保鲜膜和各种密封袋是必备品。蔬菜用一次性洗碗布包上，装在密封袋中并放入冰箱，以保持其新鲜度。

肉类和海鲜用保鲜膜包一层后，装在密封袋里冷冻储存，以保证食材的表面湿润且长时间储存。

Cooking
Know-how

★紫菜包饭的烹饪技巧

○ 用于制作紫菜包饭的米饭不能太软。

○ 炖牛蒡时，先用小火炖，水分减半后再用旺火翻炒。这样牛蒡才能更好地入味，颜色才能更加有光泽。

○ 米饭添加调料时，用饭铲轻轻搅拌。

○ 紫菜包饭添加盐时，用研磨的粗盐会更加美味。

○ 制作紫菜包饭时，采购紫菜包饭专用紫菜，并且米饭要铺在紫菜粗糙的那一面上。

○ 紫菜包饭的米饭量要控制在 180 克左右以方便食用，给孩子们制作时可适当减少米饭的量。

○ 米饭铺在紫菜上面时，边缘要留出 2.5 厘米的空间。

○ 包好的紫菜包饭用刷子刷上香油，不仅味道鲜美，还容易切割。

○ 在切好的紫菜包饭上撒点芝麻，味道会更好。

第二章
紫菜包饭

Chapter.2

　　紫菜包饭食材虽简单，却非常美味。当家人没有胃口、没有力气时，为了给他们打打气，我经常做紫菜包饭给他们吃。神奇的是，家人每次吃到紫菜包饭后总会精神抖擞，所以我称之为加油紫菜包饭。美味的关键是香油和粗盐。

为家人打气加油

加油紫菜包饭

人数		用时
2~3人份 16条		40分钟

● **主材料**
米饭2碗，鸡蛋2个，胡萝卜1/3个，寿司萝卜（紫菜包饭用）3条，紫菜（紫菜包饭用）4片，食用油适量，菠菜50克，香油、白芝麻各少许。

● **菠菜调料**
香油、盐、白芝麻各少许。

● **米饭调料**
盐、香油各少许。

鸡蛋液用盐调味后，倒入平底锅煎成鸡蛋饼。

○ 食用油倒入平底锅充分烧热后再倒入鸡蛋液，鸡蛋饼才会不粘锅。

胡萝卜、寿司萝卜条、鸡蛋饼切成8厘米长条，三者与紫菜4等分，菠菜准备好备用。

○ 用剪刀剪紫菜比较方便。

平底锅内倒入适量食用油，炒胡萝卜条后加盐调味备用。

热水中放入少许盐，稍微煮一下菠菜，添加少许香油、盐、白芝麻，拌匀。

○ 用热水煮后的菠菜要挤干水分。

趁热把少许盐和香油放入米饭，均匀搅拌。

○ 最好使用提前已晒干和搅碎的粗盐。

在紫菜上面平铺一层米饭后，放上准备好的食材并卷起，最后涂抹上少许香油，撒点儿白芝麻。

○ 加油紫菜包饭不需切割，直接食用即可。

　　在上学时，带着紫菜包饭去野餐，晚上回来接着吃剩余紫菜包饭的这种回忆大家都有吧！我也清晰记得剩余紫菜包饭味道更香。我想那是母亲制作的缘故吧。尽管时间流逝，美味的牛肉紫菜包饭永远是母亲的拿手菜。

紫菜包饭的厨艺秘诀是必须在用刷子涂抹香油之后，撒上适量的白芝麻。白芝麻不要搅拌在米饭中，撒在做好的紫菜包饭上会更加美味。

母亲的野餐秘诀

牛肉紫菜包饭

2~3人份
4条

50分钟

● 主材料
米饭3碗+1/2碗，牛肉末100克，鸡蛋2个，火腿50克，蟹棒2条，胡萝卜1/3根，牛蒡100克，四角鱼饼1张，菠菜80克，盐、白芝麻、香油各少许，食用油适量，紫菜（紫菜包饭用）6片，紫苏叶8片，寿司萝卜（紫菜包饭用）4条，香油、白芝麻各少许。

● 牛肉末调味料
酱油1，白糖0.5，葱末0.5，蒜末0.5，香油、胡椒粉各少许。

● 牛蒡，鱼饼调料
苏子油1，酱油1.5，料酒1.5，白糖1，水1/3杯。

● 米饭调料
盐、香油少许。

鸡蛋液加盐调味后，倒入平底锅内煎成鸡蛋饼。鸡蛋饼、火腿、蟹棒切成条，胡萝卜和牛蒡切丝，四角鱼饼切成1.5厘米宽的条。菠菜用开水焯一下，用手挤干水分，放入盐、白芝麻、香油，拌匀。

牛蒡丝先浸泡在滴入醋的水中，再冲洗。平底锅放入苏子油1、酱油1.5、料酒1.5、白糖1、水1/3杯，与牛蒡丝一起焖。再放入开水煮过的四角鱼饼条，一起焖。

平底锅放入食用油，炒胡萝卜丝，再加入火腿条和蟹棒条，一同翻炒。

牛肉末添加酱油1、白糖0.5、葱末0.5、蒜末0.5、少许香油和胡椒粉调味，放入烧热的平底锅翻炒。

◎ 牛肉末要在烧热的平底锅中翻炒，避免牛肉出水。

热米饭中放入炒牛肉末和少许盐和香油，搅拌均匀。

紫菜上平铺好米饭，再铺上1/2紫菜、紫苏叶2片、寿司萝卜条和其他食材，慢慢卷起。涂上香油，按适当的大小切卷，撒上白芝麻便可食用。

　　即便是喜欢吃紫菜包饭的孩子，如果总给他吃一成不变的紫菜包饭，也会有厌倦的时候。每当这时，我都会给孩子做可以配干萝卜条吃的蛋卷紫菜包饭。干萝卜条会给多少有些油腻的蛋卷紫菜包饭增添几分清爽。我们家二女儿每当要去野餐时，都会让我给她做紫菜包饭吃。

蛋卷紫菜包饭

- **主材料**

米饭2碗，萝卜800克（萝卜干50克），菠菜30克，香油2，寿司萝卜（紫菜包饭用）2条，火腿40克，鸡蛋6个，盐、白芝麻、香油各少许，食用油适量，紫菜（紫菜包饭用）3片。

- **干萝卜条1次调料**

酱油3.5。

- **干萝卜条2次调料**

辣椒粉1.5，黄糖0.5，鱼露0.5，金枪鱼浓汁0.5，葱末1，香油0.5，蒜末、姜末、白芝麻各少许。

- **代替食材**

萝卜 ➡ 干萝卜条

萝卜切成0.5厘米厚的片并晒干，晒干后的萝卜干用温水浸泡30分钟左右，冲洗2~3次。挤掉萝卜干的水分，加入酱油3.5，炖7个小时左右。

○ 如果没有充足的时间晒干萝卜，可以先浸泡50克萝卜干，再切成0.5厘米宽的条。

腌制的萝卜干去掉水分后放入辣椒粉1.5、黄糖0.5、鱼露0.5、金枪鱼浓汁0.5、葱末1、香油0.5、蒜末少许、姜末少许、白芝麻少许，一起凉拌。

菠菜在加入盐的热水中焯一下，再放入凉水中冷却，沥干后加入少许盐、白芝麻、香油等，一起搅拌。

热米饭中添加少许香油，均匀搅拌。

○ 干萝卜条带有调料，所以米饭中不需要再加盐。

寿司萝卜条和火腿切成筷子粗的条。平底锅放入食用油，炒火腿条。紫菜撕成一半大小并铺一层米饭，放上其他食材，慢慢卷起。

平底锅中倒入适量食用油，倒入鸡蛋液煎成鸡蛋饼，把已卷好的紫菜包饭放在锅中的鸡蛋饼上，把鸡蛋饼慢慢卷起包住紫菜包饭，最后按适当大小切卷。

○ 1个鸡蛋饼卷1个紫菜包饭。

人版 2~3人份 6条

用时 40分钟

一口紫菜包饭

这是冰箱中有剩余食材时做出的紫菜包饭。前一晚睡觉前把所有食材炒好，第二天起床后用微波炉加热，整个加热过程只需5分钟。

2~3人份
6条

30分钟

● **主材料**

米饭2碗，洋葱1/2个，胡萝卜1/4根，青椒1/2个，牛蒡40克，火腿100克，醋、食用油各适量，盐、胡椒粉各少许，紫菜（紫菜包饭用）3片，香油、白芝麻各少许。

● **米饭调料**

盐、香油、白芝麻各少许。

1

洋葱、胡萝卜、青椒、火腿剁碎。牛蒡先浸泡在已滴醋的水中10分钟，冲洗后再剁碎。

2

平底锅倒入适量食用油，翻炒洋葱碎、胡萝卜碎、青椒碎、牛蒡碎和火腿碎，用盐和胡椒粉调味。

3

热米饭倒入炒好的食材、少许盐、香油和白芝麻，拌匀。

4

紫菜撕成两半，铺3/4面积的米饭后卷起，用刷子涂抹香油，切成适当大小的卷，撒上白芝麻。

无法让你停止的
魔力紫菜包饭

这是令人上瘾带有魔力的紫菜包饭。魔力紫菜包饭容易让人吃得过多，食用时需多注意。

2~3人份
12条

30分钟

● 主材料
米饭2碗，胡萝卜30克，菠菜30克，寿司萝卜（紫菜包饭用）3条，紫菜（紫菜包饭用）3张，食用油适量，盐、香油、白芝麻各少许。

● 调料
酱油1，芥末0.3。

● 米饭调料
金枪鱼浓汁0.5，香油、盐各少许。

胡萝卜切丝，菠菜切成10厘米长的段，寿司萝卜条和紫菜4等分。碗中加入酱油1和芥末0.3，搅拌制作调料。

○ 制作调料的酱油和芥末比例约为3：1。

热米饭中加入米饭调料搅拌。

平底锅放入食用油，炒熟胡萝卜丝和菠菜段，用盐调味。

紫菜上铺占3/4面积的米饭，放上准备好的食材，慢慢卷起来。用刷子涂抹香油，切成适当大小的卷，撒上白芝麻，配调料食用。

添加蒜薹的鸡肉紫菜包饭是大人喜爱的美味。蒜薹的味道会促进食欲。

大人喜爱的紫菜包饭

鸡肉紫菜包饭

● 主材料
米饭3½碗，鸡胸肉1块（100克），蟹棒2条，牛蒡100克，胡萝卜80克，萝卜80克，蒜薹8根，圆白菜5片，紫苏叶8片，食用油适量，紫菜（紫菜包饭用）4片，蛋黄酱少许，香油、白芝麻各少许。

● 腌萝卜调料
水5，醋3，白糖3，盐0.3。

● 鸡胸肉调料
酱油1，料酒1，水2，白糖0.5。

● 牛蒡调料
酱油1，料酒1，水2，白糖0.5。

● 米饭调料
盐、香油各少许。

● 代替食材
鸡里脊 ➡ 鸡胸肉

1 鸡胸肉切成8个粗条，蟹棒2等分，牛蒡和胡萝卜切丝，蒜薹切成20厘米长的段，圆白菜和紫苏叶洗净。

2 萝卜切片，放碗中，再倒入腌萝卜调料腌制30分钟左右。

3 平底锅倒入食用油，煎一会儿鸡胸肉条，加入鸡胸肉调料，炖制。

4 牛蒡丝中滴入少量醋浸泡一会儿，下锅前冲洗一下，加入牛蒡调料炖制。

5 蒜薹段用开水焯一下，蟹棒条和胡萝卜丝放入平底锅，用食用油炒。

○ 蒜薹段在开水中焯不能时间过长，一会儿即可。

6 热米饭中撒上少许盐和香油，均匀搅拌。拌好的米饭平铺在紫菜上面，放2片紫苏叶、鸡胸肉条以及其他食材和蛋黄酱，慢慢卷起。最后涂抹香油，切成适当大小的卷，撒上白芝麻。

　　家人都爱吃肉类，所以我经常想如何能让家人均匀摄取营养。他们认为紫菜包饭少不了火腿，所以我想出了以煎豆腐代替火腿的办法。邻居还赞不绝口地问我在紫菜包饭上做了什么花样。

用豆腐代替肉

豆腐紫菜包饭

人数	用时
2~3人份 4条	30分钟

● 主材料

米饭3½碗，豆腐2/3块（200克），牛蒡150克，胡萝卜1根，菠菜1/3捆（100克），寿司萝卜（紫菜包饭用）4条，适量食用油，盐、香油、醋各少许，苏子油1，紫菜（紫菜包饭用）6片，香油、白芝麻各少许。

● 豆腐、牛蒡调料

酱油3，料酒3，白糖1.5，水1/3杯。

● 米饭调料

香油、盐各少许，白芝麻1。

● 代替食材

黄瓜 ➡ 菠菜

豆腐切成2厘米厚的长条，牛蒡和胡萝卜切丝，菠菜洗净，准备好寿司萝卜条。

平底锅放入食用油，炒胡萝卜丝，用盐调味。菠菜放入热水中焯一下，除去水分后加香油和盐，拌匀。

牛蒡丝放进已滴醋的水中，浸泡30分钟左右，用凉水冲洗后去掉水分。平底锅放入苏子油1，炒熟牛蒡丝。豆腐条用盐调味后去掉水分，平底锅放入足够的苏子油，煎豆腐条。

○ 煎豆腐要比烤豆腐更美味，如果在减肥期间最好食用烤豆腐。

在小锅中放入豆腐条、牛蒡丝以及豆腐、牛蒡调料，炖到没有水分。

○ 先用小火炖到水分剩一半左右，再调中火继续炖，这样食物会更有光泽。

热米饭中放入米饭调料，均匀搅拌。

在紫菜上面铺上薄薄一层米饭，再放1/2片紫菜、炖好的豆腐条和其他食材，慢慢卷起来。涂抹香油后，按适当大小切成卷，撒上白芝麻即可食用。

　　作为周末的特殊美食或者野餐的餐盒，萝卜紫菜包饭非常有人气。也可以多做一些，和邻居们一起分享。如果搭配一个用银鱼煮的汤，萝卜紫菜包饭再撒点葱末和胡椒粉就可堪比餐厅的美食了。

堪比知名餐厅的

萝卜紫菜包饭

人数 2~3人份 6条

用时 40分钟

● 主材料
米饭2碗，萝卜500克，鱿鱼2条，紫菜（紫菜包饭用）3片。

● 腌萝卜调料
白糖1，醋1，鱼露1，盐0.5。

● 拌萝卜调料
干辣椒3根，辣椒粉0.5，蒜末0.5，葱末1，虾酱0.5，鱼露1，金枪鱼浓汁0.3，白糖0.5，姜汁少许，糯米糊1，白芝麻0.3。

● 拌鱿鱼调料
干辣椒3根，辣椒粉0.5，酱油0.5，白糖0.5，鱼露1，香油0.5，白芝麻0.3。

● 代替食材
半干鱿鱼 ➡ 鱿鱼

萝卜切成一口大小的块，放入白糖1、醋1、鱼露1、盐0.5，腌制6小时左右，再放置在筛网上4~5小时，去掉水分。

tip 萝卜块要充分去掉水分才会有嚼劲。

干辣椒6根洗净控干，然后用搅拌机搅拌成粉。

分出一半干辣椒粉，加入辣椒粉0.5、蒜末0.5、葱末1、虾酱0.5、鱼露1、金枪鱼浓汁0.3、白糖0.5、姜汁少许、糯米糊1、白芝麻0.3以及腌萝卜块，一起搅拌。

鱿鱼剥皮洗净后沥干。再用热水焯一下，切成适当大小的块。

○ 鱿鱼要按纹路相反方向切才会更嫩。

剩余的干辣椒粉加入辣椒粉0.5、酱油0.5、白糖0.5、鱼露1、香油0.5、白芝麻0.3和鱿鱼块，搅拌。

紫菜要切成一半大小，铺上2/3左右面积的米饭，慢慢卷起，4等分，配萝卜块、鱿鱼块食用。

　　记得在釜山之行中，我吃过添加辣椒的特辣紫菜包饭，材料简单而又美味，从此自己便经常做。

　　特辣紫菜包饭会让你知道什么是真正的辣味，辣得连你的精神压力都会消失得无影无踪。

添加辣椒的紫菜包饭

特辣紫菜包饭

2~3人份
4条

40分钟

● 主材料

米饭3½碗，四角鱼饼4片（210克），辣椒8根，蟹棒2条，紫苏叶8片，寿司萝卜（紫菜包饭用）4条，紫菜（紫菜包饭用）4片，白芝麻、香油各少许。

● 米饭调料

盐少许，香油适量。

● 鱼饼调料

酱油0.5，辣椒酱0.1，料酒0.5，金枪鱼浓汁0.5，辣椒粉0.3，胡椒粉、白糖各少许。

四角鱼饼放热水中焯一下，放在漏网上沥干水分。

○ 薄片四角鱼饼口感会更好。

鱼饼调料搅拌后与四角鱼饼一起混合。

辣椒去掉籽后切成3段、蟹棒切成2段、紫苏叶洗净，准备好寿司萝卜条。

○ 辣椒的量可根据个人口味增减。

热米饭放入少许盐和适量香油，均匀搅拌。

在紫菜上平铺米饭，再放紫苏叶2片、四角鱼饼、辣椒段、蟹棒段、寿司萝卜条，慢慢卷起。

用刷子涂抹香油，切成适当大小的卷，撒上白芝麻即可食用。

　　偶尔身体不舒服懒得做饭时，可以做一顿超简单的料理。即便没有其他菜类，只要有咸味鱼饼就能做出美味的紫菜包饭。丈夫15年前就喜欢上了鱼饼紫菜包饭。若是我没经常做给他吃，他就会想起鱼饼紫菜包饭。

简单的一顿

鱼饼紫菜包饭

人数
2~3人份
16条

用时
30分钟

● 主材料
米饭2碗，四角鱼饼3片（200克），紫菜（紫菜包饭用）4片，白芝麻少许。

● 鱼饼调料
酱油2，白糖2，辣椒粉1.5，金枪鱼浓汁1，料酒1，食用油1，蒜末1，葱末1，香油1，白芝麻1。

● 米饭调料
盐少许，香油适量。

四角鱼饼用热水焯一下，放在漏网上沥干水分。

○ 鱼饼在热水中煮的时间不宜太长，以免膨胀。

把沥干水分的鱼饼切成1.5厘米宽的长条。

平底锅放入酱油2、白糖2、辣椒粉1.5、金枪鱼浓汁1、料酒1、食用油1、蒜末1、葱末1，加热。

调料烧开以后放入四角鱼饼条，翻炒，再放入香油1和白芝麻1，搅拌。

热米饭放入少许盐和适量香油，均匀搅拌。

紫菜4等分后铺上米饭，再放入2~3个四角鱼饼条，慢慢卷起，撒上白芝麻。

○ 如果给孩子吃，只放1个鱼饼即可。

　　记得小时候一到要野餐的日子，我这个爱睡懒觉的公主，即使没人叫醒也会早早起床。

　　目的就是守在做紫菜包饭的母亲身边，等待吃紫菜包饭的两角。直到现在，我仍然喜欢吃紫菜包饭的两角。

做紫菜包饭就是为了吃这个

两角紫菜包饭

2~3人份
18条
30分钟

● **主材料**
米饭2碗，鸡蛋2个，盐少许，食用油适量，火腿150克，蟹棒8条，寿司萝卜（紫菜包饭用）12条，胡萝卜1根，菠菜120克，紫菜（紫菜包饭用）6片，香油、白芝麻各少许。

● **菠菜调料**
盐、香油、白芝麻各少许。

● **米饭调料**
盐少许，香油适量。

打散的鸡蛋液用盐调味，平底锅倒入食用油，煎成鸡蛋饼。

○ 为防止粘锅，平底锅要充分烧热后再倒入鸡蛋液。

将鸡蛋饼和火腿切成1厘米宽的长条，蟹棒3等分，把寿司萝卜条2等分，胡萝卜切丝。菠菜用热水稍煮一下后去除水分，再与盐、香油、白芝麻一起搅拌。

把紫菜3等分。

平底锅倒入适量食用油，炒火腿条和蟹棒条，再炒胡萝卜丝。

热米饭放入少许盐和适量香油，拌匀。

紫菜上平铺米饭，再放上已准备好的其他食材，慢慢卷起。涂抹香油后切成两半，撒上白芝麻。

○ 紫菜铺上9厘米宽薄薄一层的米饭，看上去会很美观。

　　把辣炒银鱼添加到紫菜包饭里会让人胃口大开。奇怪的是家人不喜欢吃辣炒银鱼，却非常喜欢吃银鱼紫菜包饭。我想可能是因为这种紫菜包饭有嚼劲又有辣味吧！

让家人爱吃炒银鱼的方法

银鱼紫菜包饭

人数
2~3人份
4条

耗时
40分钟

● 主材料

米饭3½碗，鸡蛋2个，牛蒡100克，胡萝卜1/3根，蟹棒2条，黄瓜1/4根，四角鱼饼1片，食用油适量，盐、醋各少许，紫苏叶8片，紫菜（紫菜包饭用）6片，香油、白芝麻各少许。

● 炒银鱼调料

食用油1，蒜末0.5，辣椒酱1，白糖1，清酒2，料酒1，小银鱼1杯，辣椒末（8根），白芝麻1，香油1。

● 牛蒡、鱼饼调料

苏子油1，酱油1.5，料酒1.5，白糖1，水1/3杯。

● 米饭调料

盐少许，香油适量。

平底锅放入适量的食用油，倒入已打散的鸡蛋液，煎出微厚的鸡蛋饼。

○ 鸡蛋液中滴入两三滴料酒可以去除鸡蛋的腥味。使用小锅可以让鸡蛋饼有一定的厚度。

平底锅放入炒银鱼调料搅拌均匀。

牛蒡和胡萝卜切丝，蟹棒、黄瓜和四角鱼饼切成1.5~2厘米宽的长条。

胡萝卜丝和蟹棒条稍微炒一下，黄瓜条用盐稍微腌制。

牛蒡丝在滴入醋的水中泡一会儿，然后用清水冲一下。平底锅放入苏子油1，翻炒牛蒡丝，牛蒡丝的颜色变透明色后，放入酱油1.5、料酒1.5、白糖1、水1/3杯，焖一会儿。再放入四角鱼饼条，一起焖制。

热米饭中放入少许盐和适量香油，搅拌。紫菜上平铺米饭，再放1/2片紫菜、2片紫苏叶、炒银鱼以及其他食材，慢慢卷起。最后涂抹香油，切成适当大小的卷，撒上白芝麻。

○ 米饭上放1/2片紫菜可防止其他食材的水分渗入米饭中。

　　我每次做紫菜包饭时，丈夫就说想吃泡菜紫菜包饭，大女儿要吃金枪鱼紫菜包饭，二女儿要吃奶酪紫菜包饭，而我自己却想吃牛肉紫菜包饭。即便是一家人，也难免口味不同。每当这时，我就会做拼盘紫菜包饭。

拼盘紫菜包饭

2~3人份
4条

50分钟

● 主材料

米饭3½碗，鸡蛋2个，食用油适量，火腿50克，蟹棒2条，胡萝卜1/3根，牛蒡100克，四角鱼饼1片，黄瓜1/3根，盐、醋、白芝麻各少许，紫苏叶8片，寿司萝卜（紫菜包饭用）4条，紫菜（紫菜包饭用）4片。

● 辅材料

牛肉末50克，葱末、蒜末各少许，酱油0.5，白糖0.3，胡椒粉、香油各少许，辣白菜2片，奶酪2片，豆皮2片，金枪鱼（罐头）1/4罐，蛋黄酱少许。

● 牛蒡、鱼饼、豆皮调料

苏子油1，酱油1.5，料酒1.5，白糖1，水1/3杯。

● 米饭调料

少许盐，香油适量。

在加热的平底锅中放入牛肉末和少许葱末和蒜末，酱油0.5、白糖0.3，少许胡椒粉和香油，一起翻炒。辣白菜去掉调料，放少许香油调味，奶酪和豆皮分别2等分。

在平底锅中放入适量的食用油，倒入鸡蛋液，煎出微厚的鸡蛋饼，切成1厘米宽的长条。火腿和蟹棒切成与鸡蛋条同样宽度的长条，胡萝卜和牛蒡切丝，四角鱼饼切成1.5厘米宽的长条。黄瓜切成长条，撒盐腌制一会儿，去掉水分。

○ 紫苏叶洗净后要沥干水分。

牛蒡丝泡在滴入醋的水中，泡一会儿后冲洗。平底锅中放入苏子油1，炒牛蒡丝等食材，牛蒡丝颜色变透明后放入酱油1.5、料酒1.5、白糖1、水1/3杯，焖一会儿再放入四角鱼饼条，一起焖制。

○ 豆皮和鱼饼焯一下可去除腥味。

平底锅中放入适量食用油，炒一会儿胡萝卜丝，放入蟹棒条和火腿条，一同翻炒。

热米饭中放入少许盐和适量香油，均匀搅拌。紫菜上铺上米饭。

在铺好的米饭上铺上紫菜，放上紫苏叶2片和豆皮、辣白菜、牛肉末、金枪鱼和蛋黄酱、奶酪、寿司萝卜条等，慢慢卷起后切成适当大小的卷，撒上白芝麻。

○ 白芝麻要在最后撒。

　　这是我从老朋友静爱那里学来的紫菜包饭。静爱告诉我，加嫩叶会提升味道。果不其然，味道真好。此后，我经常在微博上向朋友们介绍辣白菜嫩叶紫菜包饭。

我朋友静爱的秘诀

辣白菜嫩叶紫菜包饭

2~3 人份
4条

50 分钟

主材料

米饭3½碗，鸡蛋2个，食用油适量，火腿50克，蟹棒2条，胡萝卜1/3根，牛蒡100克，四角鱼饼1片，黄瓜1/3根，紫苏叶8片，嫩叶蔬菜40克，金枪鱼（罐头）1/2罐，辣白菜5~6片，苏子油2，寿司萝卜（紫菜包饭用）4条，紫菜（紫菜包饭用）6片，香油、盐、白芝麻各少许。

牛蒡、鱼饼调料

苏子油1，酱油1.5，料酒1.5，白糖1，水1/3杯。

金枪鱼调料

酸黄瓜末2，蛋黄酱1，芥末酱少许。

米饭调料

盐少许，香油适量。

平底锅放入适量的食用油，倒入鸡蛋液煎出微厚的鸡蛋饼，切成1厘米厚的长条。火腿、蟹棒切成和鸡蛋饼同样宽度的长条，胡萝卜和牛蒡切丝，四角鱼饼切成1.5厘米宽的长条。黄瓜切成长条，撒盐腌制一会儿，去掉水分。紫苏叶和嫩叶蔬菜要提前洗净。

牛蒡丝放入已滴醋的水中，泡一会儿后冲洗。平底锅放入苏子油1，放入准备好的牛蒡丝翻炒，再放入酱油1.5、料酒1.5、白糖1和水1/3杯，焖一会儿，再放入用热水煮过的四角鱼饼条，一起焖。

○ 先用小火焖牛蒡丝，水剩一半左右时，调成大火翻炒，这样牛蒡丝有光泽又入味。

在平底锅中放入适量的食用油，炒一会儿胡萝卜丝，再放入蟹棒条一起炒。

金枪鱼放在漏网上沥干水分，再放入金枪鱼调料搅拌。

辣白菜去掉调料后去掉水分，在平底锅中放入苏子油2，放入准备好的辣白菜，一起翻炒。

热米饭中放入少许盐和适量香油，搅拌均匀。紫菜上平铺搅拌好的米饭，再放上切成两半的紫菜1片和紫苏叶2片、嫩叶蔬菜，紫苏叶片上放些辣白菜以及寿司萝卜条等，慢慢卷起。涂抹香油后切成适当大小的卷，再撒上白芝麻。

猪排紫菜包饭

虽然孩子们喜欢吃炸猪排，但是偶尔还是会剩下一两块。因为孩子们不喜欢下一餐接着吃，所以我会把剩下的猪排放在微波炉中热一下，做成猪排紫菜包饭。孩子们都很喜欢。

人数 2~3人份 12条　**用时** 40分钟

● **主材料**
米饭2碗，猪里脊150克，洋葱1/2个，酸黄瓜2根，紫菜（紫菜包饭用）3片，盐、胡椒粉各少许，食用油适量，猪排酱、蛋黄酱各少许。

● **米饭调料**
盐、香油各少许。

● **油炸**
鸡蛋1个，面粉、面包糠各适量。

1 猪里脊切成1.5厘米宽的长条，洋葱切丝，酸黄瓜切片，紫菜4等分。

2 热米饭中放入少许盐和香油，均匀搅拌。

3 敲打猪里脊，用盐和胡椒粉调味。鸡蛋打成液。猪里脊按顺序裹上面粉、鸡蛋液、面包糠，再放入锅中油炸。

○ 使用市场出售的猪排会更方便。

4 紫菜上平铺3/4左右的米饭，放上猪排酱、蛋黄酱、洋葱丝、酸黄瓜片、猪排块，慢慢卷起，切成适当大小的卷。

脆脆的

沙拉紫菜包饭

你没有胃口？不喜欢一成不变的紫菜包饭？那来尝一尝脆脆且别有风味的沙拉紫菜包饭吧。

2~3人份
4条

30分钟

● **主材料**
米饭3½碗，蟹棒2条，胡萝卜1/5根，黄瓜1/2根，圆白菜5片，寿司萝卜（紫菜包饭用）4条，紫菜（紫菜包饭用）6片，香油、白芝麻各少许。

● **沙拉调料**
蛋黄酱4，醋1，白糖1，盐少许。

● **米饭调料**
少许盐和香油。

蟹棒2等分，胡萝卜和黄瓜切丝。圆白菜洗净后，放在漏网沥干水分，撕成适当大小的片。准备好寿司萝卜4条。

沥干水分的圆白菜片加入沙拉调料搅拌。

> 如果圆白菜上有水分，沙拉酱无法入味。

热米饭中放入少许盐和香油，均匀搅拌。

紫菜上面平铺米饭后再放上1/2片紫菜，铺上准备好的圆白菜片沙拉以及其他食材，慢慢卷起。涂上香油，切成适当大小的卷，再撒上白芝麻。

这种包饭绝对不能让小孩子吃，只能让精神压力大的大人吃。这是能消除精神压力的鱿鱼紫菜包饭，它的美味仅次于魔力紫菜包饭。

会让嘴里喷火的

鱿鱼紫菜包饭

2~3人份
8条

30分钟

● **主材料**

米饭2碗，半干鱿鱼1
条，黄瓜1/4根，紫菜
（紫菜包饭用）5片，香
油、白芝麻各少许。

● **鱿鱼调料**

辣椒酱1，辣椒粉1，
酱油0.5，金枪鱼浓汁
1，料酒1，白糖1，糖
稀0.5。

● **米饭调料**

盐、香油各少许。

半干鱿鱼去皮后用热
水煮一下。

半干鱿鱼和黄瓜切成0.5
厘米宽的条。

平底锅放入鱿鱼调料
加热后关火，放入半干
鱿鱼条，搅拌。

○ 按个人口味调整辣椒粉
的量。

热米饭中放入少许盐
和香油，均匀搅拌。

4片紫菜2等分，另外
1片5等分。2等分的紫
菜上平铺已调味的米
饭和鱿鱼条。

米饭与鱿鱼条上再放
上1片5等分紫菜和黄
瓜条，慢慢卷起。最
后涂抹香油，切成适
当大小的卷，再撒上
白芝麻。

○ 鱿鱼条上面再铺一层紫
菜，目的在于防止鱿鱼
调料粘手。

　　这是每年春天必吃的紫菜包饭。把带有香气的芥菜添加到紫菜包饭里，不仅可以减少腻味，还可以感受到芥菜的香气。给孩子们吃时，可以在芥菜上撒少许盐、裹点香油。

让你陶醉在春天气息里的紫菜包饭

芥菜紫菜包饭

2~3人份
4条

50分钟

● 主材料
米饭3½碗，芥菜150克，鸡蛋2个，火腿50克，蟹棒2条，胡萝卜1/3根（80克），牛蒡100克，四角鱼饼1片，寿司萝卜（紫菜包饭用）4条，食用油适量，紫菜（紫菜包饭用）6片，醋、香油、白芝麻各少许。

● 芥菜调料
辣椒酱0.3，辣椒粉0.3，白糖0.3，香油0.5，白芝麻0.5，蒜末0.3，葱末0.5。

● 牛蒡、鱼饼调料
苏子油1，酱油1.5，料酒1.5，白糖1，水1/3杯。

● 米饭调料
盐少许，香油适量。

芥菜洗净后用热水焯一下，加入芥菜调料，一起拌匀。

○ 如果给孩子们吃，仅放盐、白芝麻、香油即可。

平底锅放入适量食用油，倒入打好的鸡蛋液，煎出微厚的鸡蛋饼，切成1厘米宽的长条。火腿和蟹棒切成与鸡蛋相同宽度的条，胡萝卜和牛蒡切成丝，四角鱼饼切成1.5厘米宽的长条。

牛蒡丝放入已滴入醋的水中浸泡，冲洗后放入平底锅，放入牛蒡、鱼饼调料翻炒后一起焖制，再放入事先煮好的四角鱼饼条，一同焖制。

平底锅放入适量的食用油，炒一会儿胡萝卜丝，再放入蟹棒条，一同翻炒。

热米饭放入米饭调料，均匀搅拌。

紫菜平铺上米饭，放上1/2片紫菜再放上已调味的芥菜、寿司萝卜条和其他准备好的食材，慢慢卷起。涂抹香油后切成适当大小的卷，撒上白芝麻。

这是我结婚前朋友给我做的自由搭配紫菜包饭。味道可因人搭配的紫菜包饭，让我实在是无法忘记，直到现在我仍经常做。

自助的喜悦

自由搭配的紫菜包饭

2~3人份
16条

20分钟

● 主材料
米饭2碗，鸡蛋2个，盐少许，食用油适量，火腿60克，胡萝卜30克，黄瓜1/5根，寿司萝卜（紫菜包饭用）3条，蟹棒2条，紫菜（紫菜包饭用）6片。

● 芥末酱调料
酱油2，芥末0.3。

● 米饭调料
少许盐和香油。

● 代替食材

彩椒➡胡萝卜

打散的鸡蛋液用盐调味，倒入平底锅煎成鸡蛋饼。

鸡蛋饼、火腿、胡萝卜、黄瓜、寿司萝卜切丝，蟹棒撕成丝后与芥末酱调料一起搅拌。

○ 自由搭配的食材可根据自己的口味随意添加。

在平底锅中放入适量食用油，翻炒已切丝的食材。

热米饭中放入米饭调料，拌匀。

紫菜剪成4等份。

紫菜上铺好米饭和其他食材，慢慢卷起。

第一次吃加州卷时，我不禁感叹还能有这种紫菜包饭。与传统的紫菜包饭不同，加州卷给人华丽又有嚼劲的口感，让我有一种找到了紫菜包饭新大陆的感觉。加州卷是一种吃得再多也不会厌倦的紫菜包饭。

卷了又卷，吃了又吃

加州卷

人数 2~3人份 4条　用时 40分钟

● 主材料

米饭3½碗，鸡蛋2个，少许盐，食用油适量，牛油果1个，黄瓜1/2根，蟹棒6条，寿司萝卜（紫菜包饭用）4条，紫苏叶8片，紫菜（紫菜包饭用）4片，飞鱼子1½杯。

● 混合醋调料

醋3，白糖2，水1，盐0.3。

● 芥末酱调料

酱油2，芥末0.3。

● 代替食材

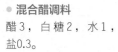

熏三文鱼 ➡ 蟹棒

鸡蛋液加盐调味，平底锅放入适量食用油，倒入鸡蛋液煎成鸡蛋饼。

煎好的鸡蛋饼切成1.5厘米宽的长条，牛油果和黄瓜切丝，蟹棒2等分成条，准备好寿司萝卜条和紫苏叶。

混合醋调料放入微波炉中加热1分钟左右，再倒入热米饭中，拌匀。

搅拌芥末酱调料。

紫菜下方垫好寿司帘和保鲜膜，紫菜铺上已调味的米饭和飞鱼子。

把紫菜翻过来，铺上紫苏叶2片和牛油果丝、黄瓜丝、蟹棒条、寿司萝卜条和鸡蛋饼条，慢慢卷起。切成适当大小的卷，蘸芥末酱食用。

○ 如果没有保鲜膜，米饭会粘在寿司帘子上。

味道香喷喷的牛油果被称之为水果中的奶油。牛油果被加到紫菜包饭中后会和其他食材相结合，其味道会更加美味。牛油果紫菜包饭再撒上足量的鲣鱼干，略带咸味的特别紫菜包饭就可以闪亮登场了。

牛油果和鲣鱼脯

鲣鱼干卷

2~3人份
4条

30分时

● 主材料
米饭3½碗，牛油果1个，黄瓜1/2根，蟹棒6条，飞鱼子1½杯，紫菜（紫菜包饭用）4片，日式拌饭料少许，鲣鱼干2把。

● 芥末蛋黄酱材料
芥末酱0.5，蛋黄酱2。

● 混合醋调料
醋3，白糖2，水1，盐0.3。

● 代替食材
香辣酱 ➡ 芥末

牛油果和黄瓜切丝，蟹棒2等分成条。

搅拌芥末酱0.5和蛋黄酱2，制成芥末蛋黄酱。

tip 如果喜欢辣味，则可添加香辣调料。

混合醋调料放微波炉内加热1分钟左右，再放入热米饭中，拌匀。

寿司帘子上放好保鲜膜和紫菜，铺好一层已调味的米饭。

○ 保鲜膜可防止米饭粘在寿司帘上。

米饭上铺一层飞鱼子。

把紫菜包饭翻过来，放上蟹棒条、牛油果丝、黄瓜丝和芥末蛋黄酱，慢慢卷起，切成适当大小的卷，撒上日式拌饭料和鲣鱼干。

○ 放芥末蛋黄酱后再撒上日式拌饭料和鲣鱼干，可让鲣鱼干卷更鲜美。

Cooking
Know-how

★饭团的烹饪技巧

○ 用于制作饭团的米饭不能太软。

○ 米饭添加调料时，用饭铲轻轻搅拌，避免饭粒不完整。

○ 制作饭团的米饭和佐料的重量分别为 150 克和 50 克。

○ 制作三角饭团时，使用调味紫菜味道会更美味。

第三章
饭团

Chapter.3

　　虾仁饭团的形状很可爱，会引起孩子们的好奇心，有利于吸引孩子们吃饭。清淡而又香喷喷的虾仁，一旦开始品尝便会让人停不下嘴。

给不爱吃饭的孩子们

虾仁饭团

2~3人份　**30分钟**

● **主材料**
米饭2碗，白虾8只，
香草盐少许，黄油
适量。

● **米饭调料**
黄瓜30克，寿司萝卜9
块，白芝麻1，香油和
盐少许。

1　黄瓜和寿司萝卜切
成碎。

○ 饭团中放入带有嚼劲的
寿司萝卜会更加美味。

2　白虾去皮，再用牙签
去除背上的黑线。

3　去皮的白虾用香草盐
调味。

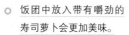

4　平底锅中放入少许黄
油，小火烤已调味的
白虾。

○ 白虾稍微烤一下即可。

5　热米饭中放入黄瓜碎、
寿司萝卜碎、白芝麻1、
少许香油和盐，拌匀。

6　手中抓一把米饭，米饭
上放1只白虾，再捏成
饭团。

看着丑吃着香

牛肉饭团

送孩子们上学前，为了让孩子有时间多吃一口饭，我常做吃起来简单方便的饭团。

人数	用时
2~3人份	20分钟

● **主材料**
米饭2碗，牛肉末100克，调味紫菜适量。

● **牛肉调料**
酱油1，白糖1，葱末0.5，蒜末0.5，香油0.5，胡椒粉少许。

● **米饭调料**
少许盐和香油2，白芝麻1。

1 牛肉末放入牛肉调料，搅拌后放置10分钟左右，等待入味。

2 平底锅加热后放入已调味的牛肉末。

○ 要用大火炒牛肉，防止牛肉出水分。

3 在热米饭中放入加热后的牛肉末和米饭调料，均匀搅拌。

4 用手抓取适量的米饭，捏成适当大小的饭团，再粘上调味紫菜。

用剩余的炒银鱼

银鱼辣白菜饭团

总有剩余的炒银鱼小菜会让你为难。每当这个时候，我都会做银鱼辣白菜饭团。

人数 2~3人份 **用时** 20分钟

● **材料**

米饭2碗，辣白菜5片，寿司萝卜6块，炒银鱼4，烤紫菜3把，盐少许，白芝麻1，香油少许。

1. 辣白菜片和寿司萝卜切成碎。

   ○ 稍大一点儿的银鱼也要切碎。

2. 沥干辣白菜碎。

3. 热米饭中放入炒银鱼、辣白菜碎、寿司萝卜碎、烤紫菜、白芝麻、少许盐和香油，拌匀。

4. 用手抓取适量的米饭，捏成适当大小的饭团。

鸡腿饭团

在忙碌的早晨，饭团是最佳选择。前一天炒好鸡腿肉就可以在一瞬间做好鸡腿饭团。孩子们吃的饭团要做成不辣的，大人们吃的饭团可以辣一些。

2~3人份　**20分钟**

● **主材料**
米饭2碗，去皮的鸡腿100克，食用油适量，调味紫菜6片。

● **米饭调料**
寿司萝卜6块，白芝麻0.5，黑芝麻0.5，香油、盐少许。

● **鸡肉调料**
辣椒酱1，辣椒粉0.5，浓酱油0.5，白糖1，葱末1，蒜末0.5，料酒1，姜汁、咖喱粉、胡椒粉各少许。

● **代替食材**
鸡腿➡鸡里脊

鸡腿切成小碎块，用鸡肉调料拌匀调味。

平底锅放入适量食用油，翻炒已调味的鸡腿肉块。

热米饭中放入米饭调料，搅拌均匀。

小碗中垫好保鲜膜，放入炒好的鸡腿肉块和米饭，把小碗扣过来，米饭成形后包上调味紫菜，制成饭团。

◉ 小碗中垫上保鲜膜以保证米饭顺利定形。

烤明太鱼子三角饭团

这是和我有20年交情的知己喜英教我做的饭团。这位连料理的"料"都不认识的朋友，结婚和公婆一起生活几年后，厨艺突飞猛进。热腾腾的米饭加入明太鱼子和香油，吃起来真是别有味道。

人数	用时
2~3人份	20分钟

● **主材料**

米饭2碗，香油少许，白明太鱼子2块（100克），三角紫菜包饭专用调味紫菜3片。

● **米饭调料**

寿司萝卜6块，白芝麻0.5，黑芝麻0.5，香油和盐少许。

1 平底锅放入适量香油，烤白明太鱼子，熟后斜切成片。寿司萝卜切成碎。

2 热米饭中放入米饭调料，搅拌均匀。

○ 添加白明太鱼子时，米饭中少放盐。

3 抓取适量米饭并平铺，放上烤好的白明太鱼子片，捏成三角饭团。

4 把三角饭团放在三角紫菜包饭专用调味紫菜上，包好。

○ 没有三角紫菜包饭专用调味紫菜，可以使用一般调味紫菜替代。

辣椒酱三角饭团

这是添加了辣椒酱的蜜味三角紫菜饭团。

人数 2~3人份　**用时** 20分钟

● **主材料**
米饭2碗，三角紫菜包饭专用调味紫菜3片。

● **米饭调料**
寿司萝卜6块，白芝麻0.5，黑芝麻0.5，香油2，盐少许。

● **辣椒酱调料**
牛肉末100克，蒜末0.5，料酒1，姜汁、胡椒粉各少许，辣椒酱1.5，酱油0.5，白糖1，蜂蜜0.5，香油0.5，白芝麻0.5，食用油适量。

1. 平底锅放入适量食用油，放入牛肉末，蒜末0.5、料酒1，少许姜汁和胡椒粉，翻炒。

○ 牛肉末容易变质，最好买来后马上制作。

2. 牛肉末接近半熟时，放入辣椒酱1.5、酱油0.5、白糖1、蜂蜜0.5、香油0.5、白芝麻0.5，用小火炒3分钟左右。

3. 热米饭中放入米饭调料均匀搅拌。

4. 调味紫菜上放入制好的三角饭团，放上辣椒酱，用调味紫菜包好。

用勺子舀着吃的

恐龙蛋饭团

恐龙蛋饭团不是用手捧着吃的，而是用勺子舀着吃的饭团。恐龙蛋的个头会让你惊叹。你不仅会喜欢恐龙蛋的大小，还会喜欢恐龙蛋的味道。

2~3人份 **20分钟**

● **主材料**
米饭2碗，午餐肉100克，洋葱少许，煎鸡蛋3个，食用油、调味紫菜粉各适量。
● **午餐肉、洋葱调料**
酱油0.3，料酒1，胡椒粉少许。
● **米饭调料**
寿司萝卜6块，白芝麻0.5，黑芝麻0.5，香油和盐少许。
● **代替食材**
调味紫菜 ➡ 调味紫菜粉

午餐肉切成边长1厘米左右的小块，洋葱和寿司萝卜切成小碎块。

平底锅放入适量食用油，翻炒洋葱碎，颜色变黄后添加午餐肉块，再添加午餐肉、洋葱调料焖熟。

热米饭中放入米饭调料均匀搅拌。抓一大块米饭，铺成圆形，放上炒好的洋葱午餐肉块，捏成网球大小的饭团。

○ 如果没有黑芝麻，可只放白芝麻。

球状饭团裹好调味紫菜粉，再把煎鸡蛋放在饭团上。

○ 紫菜粉要用力裹。

在女儿爱吃的零食饭团中，人气最高的当属培根奶酪饭团。可能是因为被拉得长长的奶酪会引起孩子的食欲吧。

烤培根奶酪饭团

2~3人份　30分钟

● 材料

米饭2碗，培根150克，洋葱1/2个，香葱末少许，食用油适量，盐、胡椒粉各少许，马苏里拉干酪2杯。

● 代替食材

切达干酪 ➡ 马苏里拉干酪

1 平底锅直接放入培根，烤好后放在厨房用纸上去除油分。

2 把去除油分的培根和洋葱切成小块。

3 平底锅放入适量的食用油，炒香葱末，用盐调味。

4 热米饭中放入培根块和洋葱块，再放入少许盐和胡椒粉，均匀搅拌。

5 抓取适量的米饭，捏成饭团，手上蘸水后再抓1/2杯马苏里拉干酪粘到饭团上。

6 平底锅中放入少许食用油，用小火烤饭团。

　➥ 不要用大火，防止干酪煳。

　　记得大女儿6岁的时候，从美术学习班放学回家往我嘴里塞进她和老师制作的炸饭团，我还清晰记得当我说饭团好吃时，孩子的脸都笑开了花。我想推荐炸饭团给不爱吃菜的孩子们当零食。

和孩子们一起制作

炸饭团

2~3人份　40分钟

● **材料**

米饭2碗，洋葱1/2个，胡萝卜1/3根，青椒1个，火腿50克，马苏里拉干酪150克，鸡蛋2个，面粉适量，盐、番茄酱各少许，食用油适量。

把洋葱、胡萝卜、青椒、火腿切成末。

平底锅放入适量食用油和所有切碎的食材，炒一会儿后用盐调味。

搅拌热米饭2碗、炒好的食材和马苏里拉干酪，用盐调味。

○ 用剩饭制作时，米饭上先倒入马苏里拉干酪，再用微波炉加热1分钟。

抓取适量的米饭，捏成一定大小的饭团。

把准备好的鸡蛋液和面粉分别裹在捏好的饭团上。

平底锅放入适量食用油，加热后油炸饭团，最后放上番茄酱。

Cooking
Know-how

★寿司的厨艺技巧

- 用陈米做寿司。
- 用陈米做饭前，放入少量的盐和食用油可使米饭更有光泽，也可以放入少量的清酒。
- 做寿司用的米饭可以放入少许清酒和海带，令米饭软硬适中。
- 做寿司用的米饭要浸泡 30 分钟以上，放在漏网上沥干水分，之后用比平时稍微少量的水和 1 张海带焖熟。
- 做寿司用的米饭要趁热放入混合醋拌匀，才会入味。
- 抓取米饭制作寿司形状时，手上蘸点混合醋可避免手上粘米饭。
- 做寿司要用烤好的紫菜。
- 食用需要蘸酱油的寿司时，不应该把酱油蘸到寿司的米饭上，而是蘸到寿司食材上会更加美味。

第四章
寿司

Chapter.4

寿司上放点儿辣白菜会有开胃的作用，味道也会很特别。辣白菜豆皮寿司不仅可以用家里常用食材制作，还可以让不喜欢辣白菜的孩子们尝到辣白菜的另一种味道。

解腻又开胃的

辣白菜豆皮寿司

2~3人份　40分钟

● 主材料
米饭2碗，豆皮10个，洋葱1/4个，胡萝卜20克，牛蒡20克，食用油适量，辣白菜5片，香油、白芝麻各少许。

● 豆皮调料
海带汤1/3杯，酱油1，料酒1，白糖1。

● 混合醋调料
醋3，白糖2，盐0.5，水0.5。

豆皮切成两半，用热水煮一下。

◌ 用热水煮豆皮不仅可以去油渍，还可以使豆皮变柔软。

小锅放入煮好的豆皮，再放入豆皮调料焖制。

◌ 焖到没有水分。

平底锅倒入适量食用油，翻炒切好的洋葱丝、胡萝卜丝、牛蒡丝。

辣白菜切成丝，放入白芝麻和香油，拌匀。

◌ 辣白菜味道过酸时，加点白糖。

碗中放入混合醋调料拌匀，在微波炉中加热1分钟左右，倒入热米饭中搅拌，再添加炒好的洋葱丝、胡萝卜丝和牛蒡丝。

豆皮中放入已调味的米饭，再放上已调味的辣白菜丝。

◌ 倒入米饭中的混合醋要留一点儿涂抹在手上，能防止米饭放入豆皮时粘在手上。

当身体疲惫时，吃到金枪鱼幼芽豆皮寿司就会让你感觉身体轻松，心情变好。

让你心情舒畅的

金枪鱼幼芽豆皮寿司

人数 2~3人份　用时 30分钟

● 主材料
米饭2碗，金枪鱼（罐头）1罐，豆皮10个。

● 金枪鱼调料
幼芽1把，碎黄瓜4，洋葱末4，蛋黄酱4，柠檬汁1，黄芥末酱0.3，胡椒粉少许。

● 豆皮调料
海带汤1/3杯，酱油1，料酒1，白糖1。

● 混合醋调料
醋3，白糖2，盐0.5，水0.5。

金枪鱼从罐头中取出放在漏网上沥干油分。

豆皮切成两半，用热水煮一下。

小锅放入煮过的豆皮，再放入豆皮调料一起焖制。

金枪鱼肉中放入金枪鱼调料搅拌均匀。

碗中放入混合醋调料，在微波炉中加热1分钟，再倒入热米饭中，均匀搅拌。

把搅拌好的米饭放入焖制好的豆皮中，再放入调好味的金枪鱼肉。

○ 倒入米饭中的混合醋调料留一点儿涂抹在手上，再把米饭放入豆皮中，可以防止米饭粘在手上。

　　豆皮寿司的美味秘诀在于焖豆皮。味道较淡的豆皮寿司放入培根和幼芽，既可口又营养。

让你无法停止的

培根豆皮寿司

2~3人份　30分钟

● 主材料
米饭2碗，培根16片，黄瓜1/4根，洋葱1/4个，幼芽1把，豆皮10个。

● 培根调料
蛋黄酱2，柠檬汁1，黄芥末酱0.5，胡椒粉少许。

● 豆皮调料
海带汤1/3杯，酱油1，料酒1，白糖1。

● 混合醋调料
醋3，白糖2，盐0.5，水0.5。

● 代替食材
市场上销售的调味豆皮 ➡ 豆皮

不需要往平底锅里倒油，可以直接小火烤培根。

烤好的培根、黄瓜、洋葱切丝，幼芽洗净后沥干水分。

碗中放入培根丝、黄瓜丝、洋葱丝、幼芽，再放入培根调料搅拌均匀。

豆皮切成两半，再用热水煮一下。

小锅放入煮好的豆皮，再放入豆皮调料一起焖制。

　○ 焖到没有汤即可。

碗中倒入混合醋调料拌匀，放入微波炉加热1分钟左右，倒入热米饭，均匀搅拌。把搅拌好的米饭倒入焖制好的豆皮，放入已调好味的食材。

　○ 豆皮中的米饭尽量多放一些，再用手压一压。

　　在我刚结婚时，冷冻金枪鱼还很难买到，如今它已是很常见的食品。因此，我们可以经常吃到金枪鱼紫菜寿司。香喷喷的金枪鱼配紫菜寿司的味道能让你瞬间吃掉一盘。

如同寿司屋里的

金枪鱼紫菜寿司

2~3人份　30分钟

● **主材料**
米饭2碗，冷冻金枪鱼
200克，紫菜（紫菜包
饭用）3片。

● **金枪鱼调料**
飞鱼子2，葱末2，柠檬
汁1，香油1，盐和辣
根各少许。

● **混合醋调料**
醋3，白糖2，盐0.5，
水0.5。

● **代替食材**
黄瓜➡紫菜

冷冻金枪鱼浸泡在盐
水中解冻一会儿后，
再用纱布包住，完全
解冻后切成小块。

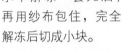

○ 纱布包住解冻金枪鱼，
可使其表面不容易干。

金枪鱼块中加入金枪鱼
调料搅拌。

紫菜用剪刀剪成3厘米
宽的长条。

碗中放入混合醋调料
在微波炉中加热1分钟
左右，制成混合醋。

趁米饭热时倒入混合
醋，均匀搅拌。

把已调味的米饭捏成圆
形，用紫菜条包住，再
放上调好味的金枪鱼块。

○ 待米饭凉了再放金枪鱼，可
尝到金枪鱼的新鲜味道。

飞鱼子寿司简直美得让人不忍下嘴，只要吃一口就会让你无法停下来。
工序比较复杂的飞鱼子寿司会用味道来报答你。可以称之为寿司中的经典。

开花的米饭

飞鱼子寿司

人数 2~3人份 　 用时 30分钟

主材料

米饭2碗，鸡蛋1个，食用油适量，牛蒡1/4个，青椒1/2个，香菇2个，莲藕1/3根，白虾10只，清酒少许，烤紫菜1片，飞鱼子少许。

混合醋调料

醋3，白糖2，盐0.5，水0.5。

莲藕调料

醋3，白糖2，盐少许，水5。

牛蒡、香菇调料

酱油1，料酒1，金枪鱼浓汁0.5，白糖1，水1/3杯。

代替食材

干香菇➡香菇

1 鸡蛋液煎成薄蛋饼后切丝，牛蒡切薄片，青椒切成丝，莲藕和香菇切成薄片。白虾去皮后放入已滴清酒的水中煮熟，再切掉虾头。

○ 煎好的鸡蛋薄饼要完全放凉后再切丝。

2 碗中放入混合醋调料在微波炉中加热1分钟，制成混合醋。

3 碗中放入莲藕调料搅拌后放入切好的藕片，浸泡30分钟左右。牛蒡片放入滴醋的水中，浸泡5分钟，再用清水冲洗。

4 平底锅放入少许食用油，放入香菇片和牛蒡片，再放牛蒡、香菇调料一起焖制。

○ 焖到没有汤为止。

5 热米饭中加入混合醋，搅拌均匀。

6 用适当的碗盛米饭，放上烤紫菜、牛蒡片和香菇片，再放上腌制好的藕片、鸡蛋饼丝、青椒丝和白虾，最后放上飞鱼子。

　　只要有一根黄瓜就可以在家制作专业的寿司。不仅制作方法简单，在炎热的夏天吃到黄瓜寿司也会让人感到非常爽口。只要有食材，孩子们自己也可以制作。

新鲜又爽口的

黄瓜寿司

人数	用时
2~3人份	20分钟

● **主材料**
米饭2碗，蟹棒6条，
黄瓜1根，飞鱼子2。

● **飞鱼子调料**
蛋黄酱2，柠檬汁1，
辣根0.5，白糖少许。

● **混合醋调料**
醋3，白糖2，盐0.5，
水0.5。

蟹棒用手撕成细条。

黄瓜用削皮器切成薄片。

○ 切好的黄瓜薄片放在冰
箱中，使用前拿出会比
较爽口。

碗中放入蟹棒条、飞鱼
子2以及飞鱼子调料一
起搅拌。

碗中放入混合醋调料在
微波炉中加热1分钟，
倒入热米饭迅速搅拌，
做成适当大小的寿司
形状。

用黄瓜薄片包住已调味
的米饭。

米饭包好后，再放上已
调味的蟹棒条和飞鱼子。

不需要开火的

萝卜寿司

酷夏时，做饭是非常不容易的事情。很有可能会让人中暑。萝卜寿司是不使用火也能做的寿司。

2~3人份　**20分钟**

● **主材料**
米饭2碗，黄瓜1/2根，胡萝卜1/4根，蟹棒5条，萝卜片适量。

● **混合醋调料**
醋3，白糖2，盐0.5，水0.5。

● **酱料**
黄芥末酱1，芥末0.3，醋0.5，酱油少许。

● **代替食材**
甜椒、萝卜芽➡胡萝卜

1
黄瓜和胡萝卜切丝，蟹棒用手撕成细条。

2
碗中倒入混合醋调料用微波炉加热1分钟，倒入热米饭中，搅拌均匀。

3
搅拌黄芥末酱1、芥末0.3、醋0.5、酱油少许，制成酱料。

4
萝卜片上放入调好味的米饭、蟹棒条、黄瓜丝和胡萝卜丝，卷好后同酱料一起食用。

当场制作的趣味

手卷

每次吃生鱼片时，最后登场的都是手卷。尽管吃得很饱，也要再吃两三个。

2~3人份 **30**分钟

● **主材料**
米饭2碗，紫苏叶10片，黄瓜1/3根，胡萝卜1/3根，蟹棒4条，萝卜苗20克，紫菜（紫菜包饭用）10片，飞鱼子4。

● **混合醋调料**
醋3，白糖2，盐0.5，水0.5。

● **飞鱼子调料**
蛋黄酱2，柠檬汁1，辣根0.5，白糖少许。

● **代替食材**
熏三文鱼 ➡ 飞鱼子

紫苏叶撕成两半，黄瓜和胡萝卜切丝，蟹棒撕成细条，萝卜苗洗净。

碗中放入混合醋调料用微波炉加热1分钟，放入热米饭中，搅拌均匀。

把紫菜撕成两半，飞鱼子和飞鱼子调料放入碗中，搅拌。

○ 搅拌飞鱼子时，如果有水分，可放在漏网上沥干水分。

紫菜上平铺1/3左右的米饭，再放上蟹棒条、黄瓜丝、紫苏叶、胡萝卜丝和萝卜苗，慢慢卷起，最后放上调好味的飞鱼子。

　　尽管是对身体有益的金枪鱼，但孩子们总是不喜欢用金枪鱼制作的生鱼盖饭。每当这时候，我都会有办法。用黄瓜制作的爽口辣味金枪鱼寿司很受大家的欢迎。

吃完还想吃的

辣味金枪鱼寿司

人数 2~3人份　　**用时** 30分钟

● **主材料**
米饭2碗，冷冻金枪鱼200克，粗盐少许，黄瓜1根。

● **金枪鱼调料**
飞鱼子2，葱末2，蛋黄酱2，香辣酱0.5，白糖1。

● **混合醋调料**
醋3，白糖2，盐0.5，水0.5。

● **代替食材**
紫菜包饭用紫菜 ➡ 黄瓜

冷冻金枪鱼放在清淡的盐水中泡一会儿，再用纱布包住解冻。

解冻的金枪鱼切成小块。

清水洗净黄瓜，再用削皮器切成薄片。

将金枪鱼块和金枪鱼调料一起搅拌。

碗中倒入混合醋调料在微波炉中加热1分钟，倒入米饭中，搅拌均匀。

抓取适量的米饭捏成饭团，再用黄瓜薄片围住，压平米饭后放上已调味的金枪鱼块。

　　原本我不喜欢油腻的三文鱼，自从吃过三文鱼寿司后就一直非常喜欢了。听说三文鱼有利于美容后，我更喜欢了。最近只要去寿司屋，三文鱼寿司都是我必点的菜品。

再见黑眼圈

三文鱼寿司

 2~3人份 **30分钟**

● **主材料**

米饭2碗，熏三文鱼200克，圆白菜1片，红椒1/2个，洋葱1个。

● **调料**

蛋黄酱2，柠檬汁0.5，辣根0.5，白糖、盐、胡椒粉各少许。

● **混合醋调料**

醋3，白糖2，盐0.5，水0.5。

● **代替食材**

山葵 ➡ 辣根

熏三文鱼切成两半。

圆白菜和红椒切成碎，洋葱切成丝。

洋葱丝浸泡在清水中，再放在漏网上沥干水分。

○ 洋葱浸泡在水中可减少辣味。

圆白菜碎、红椒碎、洋葱丝用调料搅拌均匀。

碗中放入混合醋调料用微波炉加热1分钟，倒入热米饭中，搅拌均匀。

抓取米饭捏成适当大小的饭团，放上熏三文鱼和已调料的圆白菜碎、红椒碎、洋葱丝。

Cooking
Know-how

★包饭的厨艺技巧

○ 用陈米做包饭。

● 用陈米做饭时，使用海带或者用海带熬制的汤。

● 淘米前在浸泡米的水中放入几滴醋，之后再用温水洗米，可去除陈米
的味道。

● 煮饭过程中，水溢出来会导致米饭疏松没有味道，所以煮饭时最好使
用大一点的锅。

○ 焖油豆皮或牛蒡时，要焖到没有一点儿水分。

第五章
包饭

Chapter.5

　　自从吃过美味的生菜包饭之后，生菜包饭的样子至今还历历在目。虽然调料不同，但是邻居们尝过我制作的生菜包饭后都对我赞不绝口。

尝过后会对这个味道念念不忘

生菜包饭

人数 2~3人份　用时 20分钟

● 主材料
米饭2碗，牛肉（里脊或胸脯肉）200克，生菜、飞鱼子各适量。

● 调料
蒜1瓣，洋葱少许，生姜少许，酱油2.5，白芝麻1.5，醋1，白糖1，料酒1，食用油1，味噌0.3，辣椒粉和胡椒粉各少许。

● 米饭调料
香油和盐各少许。

● 代替食材
用热水煮过的火锅用牛肉➡牛胸脯肉

牛肉切成适当大小的片。

搅拌机放入蒜1瓣、洋葱少许、生姜少许、酱油2.5、白芝麻1.5、醋1、白糖1、料酒1、食用油1、味噌0.3，进行搅拌，再加少许辣椒粉和胡椒粉，制成调料。

米饭放入少许香油和盐，搅拌均匀。

把已调味的米饭捏成适当大小的饭团，再包上生菜。

饭团放上飞鱼子。

平底锅加热后烘烤牛肉片，把烤好的牛肉片同准备好的调料一起放在包饭上。

> ◎ 如果烤牛里脊，要事先放点食用油。

这是家人喜欢的田螺包饭。虽然一年四季都可以吃，但是在没有胃口的夏天它能让你找回食欲。每当制作田螺包饭时，我都会做好暴饮暴食的准备，最大限度地"战斗"。

真正的开胃料理

田螺包饭

人数 2~3人份　用时 30分钟

● **主材料**
米饭2碗，田螺3把
（150克），洋葱1/4个，
辣椒1个，香菇1个，
圆白菜适量，盐少许。

● **包饭酱调料**
水1杯，海带（10厘米×
10厘米）1片，汤用银
鱼10只，蒜末0.5，大
酱3，辣椒酱0.5，辣椒
粉0.5，葱末2。

● **代替食材**
白菜 ➡ 圆白菜

把处理好的田螺肉用
清水洗净后切成两半，
洋葱、辣椒和香菇
切碎。

碗中倒入水1杯，放入
海带1片，浸泡30分钟
左右。

小锅倒入海带汤，煮
开后捞出海带，放入
汤用银鱼10只，用大
火煮10分钟后放在漏
网上。

开水中加入盐，焯圆白
菜，再用凉水冲洗。

海带银鱼汤放入田螺
肉、洋葱碎、香菇碎、
蒜末0.5、大酱3、辣椒
酱0.5、辣椒粉0.5，一
起煮。

◎ 包饭酱要用石锅煮会更
加美味。

锅中放入辣椒碎和葱
末2搅拌均匀。

◎ 做好的酱可以配圆白菜、
白菜等多种包饭蔬菜。

如果有剩余的过冬辣白菜，可以制作辣白菜包饭，这是韩国人的最爱。

美味泡菜保持到最后

辣白菜包饭

人数 2~3人份　用时 30分钟

● 材料

米饭2碗，牛肉100克，紫苏叶10片，洋葱1/2个，辣椒1个，辣白菜（叶子）20片，香油2，食用油适量，酱油1，白糖0.5，胡椒粉少许，紫菜粉2把，白芝麻0.5，香油1。

● 代替食材

火腿➡牛肉

牛肉、紫苏叶、洋葱、辣椒均切碎。

辣白菜的叶子用清水洗净。

在清洗过的辣白菜上倒香油1。

平底锅放入适量的食用油、牛肉碎、紫苏叶碎、洋葱碎和辣椒碎，炒一会儿后放入酱油1、白糖0.5、胡椒粉少许，继续翻炒。

米饭放入步骤4已炒好的食材、紫菜粉、白芝麻0.5、香油1，一起搅拌。

辣白菜上放适量的米饭，用辣白菜叶包住米饭。

尽管非常喜欢越南包饭，但是只吃越南包饭总觉得吃不饱。越南包饭添加了米饭就会成为耐饿的一餐。平时不经常吃的食材都可以添加进去。

添加了米饭的
越南包饭

入量 2~3人份　**定时** 30分钟

● **主材料**
米饭1碗，黄瓜1/2根，
胡萝卜1/3根，圆白菜
30片，菠萝（罐头）2
块，牛肉片（胸脯肉）
200克，水晶皮适量。

● **调料**
花生酱1，香辣酱1，
鱼露0.3，菠萝罐头汤3。

1 黄瓜、胡萝卜、圆白菜切丝。

2 菠萝切成适当大小的块。

3 花生酱1、香辣酱1、鱼露0.3、菠萝罐头汤3倒入碗中，搅拌制成调料。

4 在平底锅中烘烤牛肉片。

5 水晶皮放入温水中浸泡。

6 泡好的水晶皮放上米饭、黄瓜丝、胡萝卜丝、圆白菜丝、菠萝块和牛肉片，慢慢卷起，配上调料即可食用。

○ 少放米饭、多放牛肉和蔬菜会更加美味。

通常我都会焖制足量的豆皮，随时供制作包饭或寿司时使用。即便身体疲劳或者早晨时间紧促，用豆皮也可以制作出简单的早餐。只要前一天准备好豆皮和包饭酱，再忙的早晨都能做出豆皮包饭。

好吃又快捷

韩式豆皮包饭

2~3人份　30分钟

主材料
米饭2碗，豆皮10个，碎牛肉100克，酱油1，白糖0.5，香油、胡椒粉各少许。

豆皮调料
海带汤1/3杯，酱油1，料酒1，白糖1。

核桃包饭酱调料
核桃仁3个，辣椒碎1，葱末1，蒜末0.5，洋葱末0.5，大酱1.5，辣椒酱0.5，蛋黄酱0.3，料酒1，白糖0.5，辣椒粉0.5，姜汁少许，香油0.5，白芝麻0.5。

代替食材
松子 ➡ 核桃

切掉豆皮的上部，搅碎核桃仁。

　○ 核桃碎要在平底锅干炒后才能去除苦味。

小锅中放入热水煮豆皮，再加入豆皮调料一起焖煮。

　○ 焖到没有汤为止。

核桃碎中添加辣椒碎1、葱末1、蒜末0.5、洋葱末0.5、大酱1.5、辣椒酱0.5、蛋黄酱0.3、料酒1、白糖0.5、辣椒粉0.5、姜汁少许、香油0.5、白芝麻0.5，搅拌均匀，制成核桃包饭酱。

平底锅放入碎牛肉、酱油1、白糖0.5、少许香油和胡椒粉，一起翻炒。

碗中放入热米饭和炒好的碎牛肉，搅拌。

把搅拌好的牛肉饭放入豆皮，同核桃包饭酱一起上桌即可食用。

　　这是在之前生活的地方经常吃到的海鲜包饭。搬家以后因距离过远，我开始在家尝试自己制作，没想到非常受家人的欢迎。根据季节选用当季的海鲜，一年四季都可以吃到不同口味。

海鲜包饭酱和五花肉

海鲜包饭

2~3人份　30分钟

● **主材料**

米饭2碗，五花肉片300克，盐、胡椒粉各少许，白菜心适量。

● **海鲜包饭酱调料**

鱿鱼1/2条，蛤蜊肉1把，虾肉1把，洋葱1/4个，小南瓜1/6个，辣椒1个，水1杯，海带（10厘米×10厘米）1片，汤用银鱼10条，食用油适量，料酒2，大酱3，辣椒酱0.5，辣椒粉0.5，葱末2，蒜末0.5。

● **代替食材**

田螺肉 ➡ 蛤蜊肉

鱿鱼、蛤蜊肉、虾肉、洋葱切成粗条，小南瓜和辣椒切成丝。

锅中放入水1杯和海带1片，海带煮开后捞出，放入汤用银鱼10条，用小火煮10分钟，再放在漏网上沥干水分。

平底锅放入适量的食用油、鱿鱼条、蛤蜊肉条、虾肉条、洋葱条和料酒2，炒一会儿，再放入大酱3、辣椒酱0.5、辣椒粉0.5、葱末2、蒜末0.5，再炒1分钟。

○ 大酱和辣椒酱容易炒糊，要分开炒。海鲜包饭酱要有两顿的量。

银鱼汤倒入包饭酱中，煮开。

○ 防止包饭酱煮糊，用勺子边搅拌边煮。

海鲜熟后放入小南瓜丝和辣椒丝，一同煮。

五花肉片上撒点盐和胡椒粉，放在平底锅中烤熟，同白菜心、海鲜包饭酱和米饭一同食用。

不只用于熬汤的海带

海带包饭

如果您家里有人不喜欢吃海带，那么可以试一试制作海带包饭。把稍微煮过的鱿鱼放在海带包饭里绝对会成为让您满意的一餐。

2~3人份　**30分钟**

● **主材料**
米饭2碗，盐腌海带100克，鱿鱼1条。

● **混合醋调料**
醋3，白糖2，盐0.5，水0.5。

● **醋辣椒酱调料**
蒜末少许，辣椒酱1，白糖0.5，醋1，料酒0.5，香油少许，白芝麻0.5。

● **代替食材**
虾、鲍鱼、煎豆腐➡鱿鱼

抖掉盐腌海带上的盐，再用清水清洗后浸泡10分钟左右，去除咸味。

碗中放入混合醋调料，用微波炉加热1分钟后倒入米饭，搅拌均匀。

海带切成适当大小的条，准备好的鱿鱼用热水煮后切成1厘米宽的条，把米饭与鱿鱼条放在海带上，慢慢卷起。

○ 鱿鱼不宜煮时间过长，否则会发硬。

搅拌蒜末少许、辣椒酱1、白糖0.5、醋1、料酒0.5、香油少许、白芝麻0.5，制成醋辣椒酱。海带包饭配上醋辣椒酱即可上桌食用。

用一罐金枪鱼罐头

圆白菜金枪鱼包饭

即便没有特殊的菜肴，只要有圆白菜和金枪鱼包饭酱就可以吃一顿耐饿的米饭。丈夫本不喜欢金枪鱼罐头，但只要有金枪鱼包饭酱，他顿时就能吃光一碗米饭。

2~3人份　**30分钟**

● **主材料**
米饭2碗，圆白菜10片，金枪鱼（罐头）1/2罐，辣椒1个，洋葱1/4个。

● **包饭酱调料**
市场销售的包饭酱1.5，辣椒粉0.5，葱末1，蒜末0.5，苏子油1，白芝麻0.3。

● **代替食材**
生菜➡圆白菜

圆白菜洗净放入凉水中泡一会儿，再放在漏网上沥干水分。

金枪鱼放在漏网上沥干油分。

辣椒和洋葱切碎。

金枪鱼放入辣椒碎、洋葱、包饭酱1.5、辣椒粉0.5、葱末1、蒜末0.5、苏子油1、白芝麻0.3一起搅拌，与圆白菜、米饭一起盛出。

　　我经常给上补习班的女儿制作肉卷作零食。肉卷和快餐不同，孩子吃了带有母亲诚意的营养零食会感觉幸福。烤肉卷再搭配一杯水果汁就是天作之合。

用米饭做的零食

牛肉卷

2~3人份　40分钟

● 主材料

米饭1碗，牛肉（烤肉料）200克，牛蒡20克，胡萝卜20克，洋葱1/4个，墨西哥辣椒5个，食用油适量，盐、胡椒粉各少许，墨西哥薄饼6片，马苏里拉奶酪180克，甜辣椒酱适量。

● 烤肉调料

酱油2，梨汁4，料酒1，白糖0.5，葱末1，蒜末0.5，香油0.5，胡椒粉少许。

● 代替食材

甜椒 ➡ 胡萝卜

牛肉加烤肉调料搅拌后腌制20分钟左右。

牛蒡、胡萝卜、洋葱、墨西哥辣椒切丝。

○ 如果做给孩子吃，则不要放墨西哥辣椒。

把腌制好的牛肉放入平底锅，用大火炒。

○ 炒到没有汁为止。

适量食用油倒入另外一个平底锅，翻炒准备好的牛蒡丝、胡萝卜丝、洋葱丝。

洋葱丝的颜色变透明后，添加盐和胡椒粉调味。

在墨西哥薄饼上放米饭、牛肉以及墨西哥辣椒丝、马苏里拉奶酪、甜辣椒酱，卷起薄饼包住食材，放入微波炉加热1分钟，切成适当的大小。

○ 少放米饭、多放牛肉和马苏里拉奶酪会更美味。

含有米饭的鸡肉卷可以作零食，也可以作快餐。我的孩子在上幼儿园时，曾把鸡肉卷当作午饭带去幼儿园，没想到很多家长都来问我制作方法。

鸡肉卷

2~3人份 **30分钟**

青椒、红椒、圆白菜切丝，番茄去皮后切成1厘米见方的块，切达干酪4等分，鸡里脊切成手指宽的长条。

平底锅放入鸡里脊条和鸡里脊调料一起翻炒。

用另外一个平底锅稍微烤一下墨西哥薄饼或把薄饼放微波炉稍微热一下。

○ 墨西哥薄饼烤的时间过长则会发硬，影响口感。

主材料

米饭1碗，青椒1/2个，红椒1/2个，圆白菜4片，番茄1个，切达干酪3个，鸡里脊200克，墨西哥薄饼6片，食用油适量，胡萝卜末2，洋葱末3，盐、胡椒粉各少许，蛋黄酱、黄芥末酱各适量。

鸡里脊调料

酱油2，料酒2，白糖1.5，胡椒粉少许。

代替食材

苦苣 ➡ 圆白菜

平底锅放入适量的食用油，炒胡萝卜末和洋葱末。

洋葱末的颜色变透明，加入盐和胡椒粉调味。

在烤好的墨西哥薄饼上放上米饭、鸡里脊条、青椒丝、红椒丝、圆白菜丝、番茄块、切达奶酪片，撒上蛋黄酱和黄芥末酱，慢慢卷起，切成适当的大小。

○ 少放米饭、多放调料会更美味。